这样才能"看"到我

小牛顿很忙

马丁 / 编著
狸猫 / 绘图

给孩子的物理启蒙漫画

U0387390

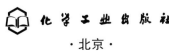
化学工业出版社

·北京·

图书在版编目（CIP）数据

这样才能"看"到我 / 马丁编著；狸猫绘图. —北京：
化学工业出版社，2024.5
（小牛顿很忙：给孩子的物理启蒙漫画）
ISBN 978-7-122-45289-4

Ⅰ.①这… Ⅱ.①马… ②狸… Ⅲ.①物理量-测量-
儿童读物 Ⅳ.①O4-34

中国国家版本馆CIP数据核字（2024）第058151号

责任编辑：潘　清　　　　　　　　　责任校对：李雨函

出版发行：化学工业出版社（北京市东城区青年湖南街13号　邮政编码100011）
印　　装：北京宝隆世纪印刷有限公司
787mm×1092mm　1/16　印张4¾　字数80千字　2024年5月北京第1版第1次印刷

购书咨询：010-64518888　　　　　　　售后服务：010-64518899
网　　址：http://www.cip.com.cn
凡购买本书，如有缺损质量问题，本社销售中心负责调换。

定　　价：35.00元

致亲爱的小朋友们

亲爱的小朋友们，之前我们已经初步了解了物理学中的力、热、声、光、电磁知识，那你们知道我们人类是靠什么获得这些知识的吗？

我们人类获取这些知识需要依靠很多东西，比如好奇心、细心观察、动手实验，等等，但如果想要获得更可靠的知识，那就少不了"测量"了。

测量看似是科学家、工程师们的事，但实际上它在我们的生活中也很常见，比如用尺子测量长度、用钟表测量时间、用温度计测量温度，就连考卷上老师们判的分数其实也是一种测量。

如果没有了这些测量，我们貌似可以更自由、更散漫地生活，但麻烦的是，没有了测量，工厂很难制造出合格的产品；农业生产也会因为施肥、浇水不当而大幅度减产；我们的生活会变得一团糟。

测量看似简单，可操作起来却又极其复杂，这到底是怎么回事呢？咱们赶快跟着小艾、天天一起继续探索吧！

阅读说明

一、本套书的编排顺序属笔者精心设计，最好顺次阅读哟！

二、遇到思考题时，可以停下来和爸爸、妈妈一起讨论，建议不要直接看答案，因为"思考讨论"的过程远比"知道答案"更重要。

三、如果需要动手实验，请邀请家长陪同，安全第一。

四、每一节的最后都设置了针对本章节核心内容的知识大汇总，便于日后总结归纳。

五、完成学习后，可以从书本最后一页获取奖励徽章。

作者 **马丁**

　　中国科学院物理学博士，原北京、深圳学而思骨干物理教师，拥有十多年中考、高考、竞赛以及低年级兴趣实验课教学经验，一直秉承着展现物理之美、激发学习兴趣、培养良好习惯的教学理念。他的课程深受广大学生、家长好评，自媒体平台上的物理教学课程浏览量超百万。

绘图 **狸猫**

　　90后青年漫画师，作品以儿童科普漫画为主，创作风格清新活泼、温暖治愈，深受大小朋友们的喜爱，自媒体平台点赞量过百万。

角色介绍

天天

一个内向的男孩,爱思考,不善言谈,后来逐渐变得主动起来,而且表达能力也越来越强了。

一个活泼的小女孩,好奇心重,做事略显急躁,有时候说话不经过思考,后来逐渐变得没那么急躁了,也能够全面看待问题了。

小艾

爸爸

一位博学多才的工程师,爱读书,爱钻研,有耐心,做事有计划性。

小尺子

一名小牛顿物理游乐园的向导，在测量界十分有名，擅长测量长度。它将带领小艾和天天学习很多有趣的测量知识。

小闹钟

它也是小牛顿物理游乐园的向导，它的作用很大，擅长测量时间。你们知道它身上的每一个小格代表多长时间吗？

温度计

它的身体里装着某种液体，这种液体可以根据温度的变化而改变自身液柱的高度，温度高时，液柱就高；温度低时，液柱就低，是不是很神奇？

除了照明，它还有另外一项技能——在古代，人们常把它作为测量亮度的标准。不过并不是所有的蜡烛都能作为测量亮度的标准，为了让亮度标准统一且稳定，必须得是限定了材料和尺寸的特制蜡烛。

小蜡烛

目录

引言

成为小小物理学家的第六步

认真测量

3

表示长或短的"长度"、冷或热的"温度"、占空间多少的"体积"都叫物理量

感觉是不靠谱的，需要通过测量把各种 物理量 用数字表示出来 ，这样才严谨！

这个叫"量化"，比如长度 2.3 米、温度 37℃

看来测量也不难嘛！

测量看似简单，实则精妙。现在咱们准备出发，去看看人类是怎样丈量这个世界的吧！

思考题 1：用尺子（刻度尺）量一量刚才那个 T 形的横边和竖边，看看结果同自己的感觉一样吗？

思考题 2：想象一下，如果世界上没有任何测量工具，那将会怎样？不妨和朋友、家人聊一聊这个话题。

完成这两道思考题，就可以赢得第 1 枚徽章"不测量怎么行"啦！

小朋友们，书本的最后同样设置了奖励徽章，表彰你们积极探索、努力学习的精神。继续努力吧！相信你们一定可以做得到！

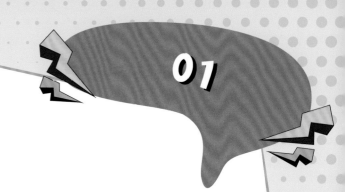

01

精确的尺子
（长度的测量）

8　小艾自己做的尺子　　正规尺子

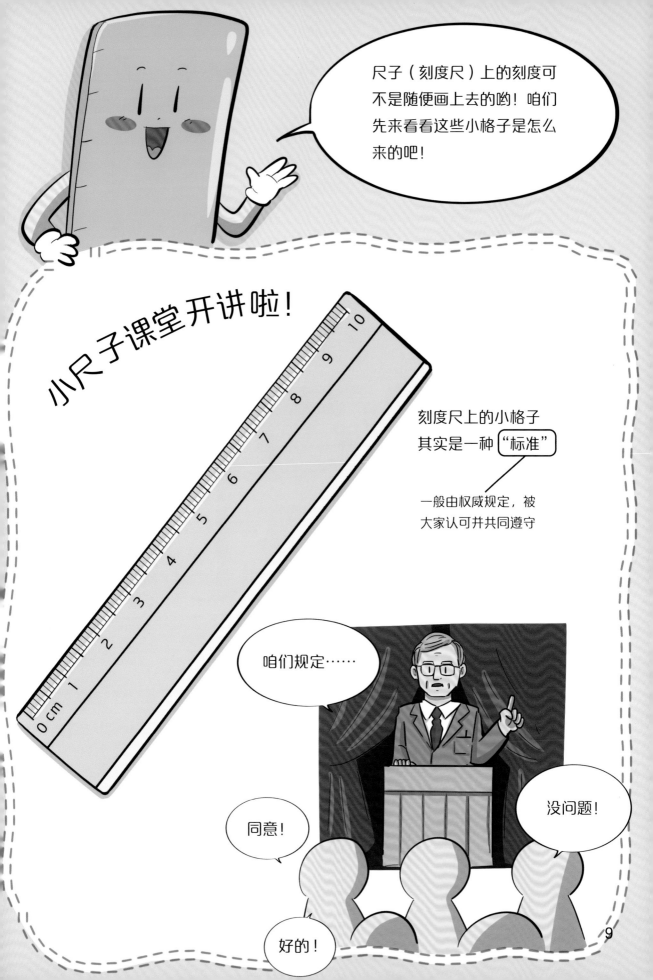

我规定：肘至中指尖的长度叫作1肘尺，就用这个标准来制造尺子吧！

古埃及人是这么规定的

1肘尺约44.6厘米，小艾身高约140厘米

中国在商朝时期是这么规定的

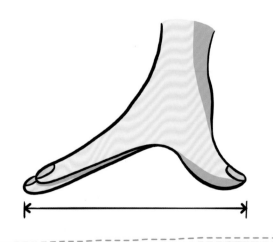

一拃（zhǎ）的长度是一尺

是太乱了，所以科学家们又重新做出规定。

北极

巴黎

赤道

10000000 米

人类在进步嘛！关于这项规定，后来进行了修改，而且还修改了不止一次！

原来这就是1米的由来啊！

1790 年，由法国科学家组成的特别委员会提议：从北极至赤道，经过巴黎子午线长度的一千万分之一的长度为 1 米。这一提议在 1791 年获得了法国国会的批准。

用地球当标准可比之前靠谱多了。

💡 知识小贴士

100

1 厘米

99

1 毫米

将 1 米平均分成 100 份，其中一份就是 1 厘米；再将 1 厘米等分为 10 份，其中一份就是 1 毫米

思考题 1： 长度的国际标准是 1 米，质量（有时也俗称为重量）的国际标准是 1 千克，你们知道人们是怎么规定 1 千克的吗？（1 千克 =1000 克 =1 公斤 =2 斤）

思考题 2： 猜一猜，人们为什么要不断调整标准呢？

完成这两道思考题，就可以赢得第 2 枚徽章"不断调整的标准"了。

小朋友们，尺子上的刻度可不是随随便便画上去的，而是经过不断的调整，才最终确定下来的，它可是测量长度的标准。

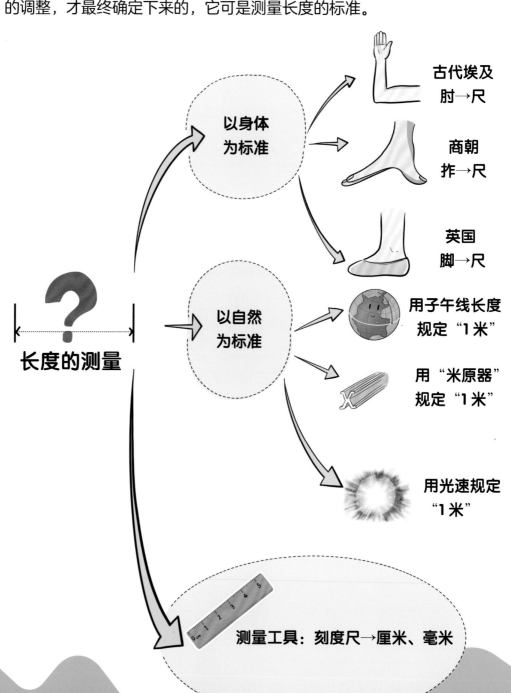

以身体为标准
- 古代埃及 肘→尺
- 商朝 拃→尺
- 英国 脚→尺

以自然为标准
- 用子午线长度规定"1米"
- 用"米原器"规定"1米"
- 用光速规定"1米"

长度的测量

测量工具：刻度尺→厘米、毫米

02

永不停歇的时间
（时间的测量）

时间标准的由来

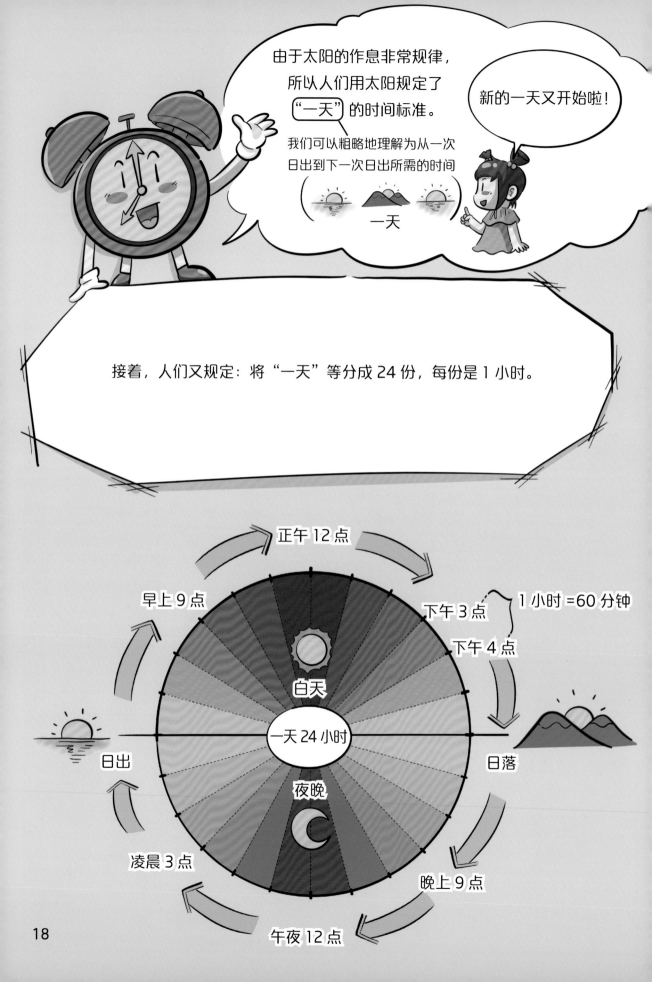

由于太阳的作息非常规律，所以人们用太阳规定了"一天"的时间标准。

我们可以粗略地理解为从一次日出到下一次日出所需的时间

一天

新的一天又开始啦！

接着，人们又规定：将"一天"等分成 24 份，每份是 1 小时。

正午 12 点

早上 9 点

下午 3 点

下午 4 点

1 小时 =60 分钟

白天

一天 24 小时

日出

日落

夜晚

凌晨 3 点

晚上 9 点

午夜 12 点

思考题 1：算一算，"6 小时 34 分 56 秒"是多少秒？

思考题 2：长度的标准"1 米"被科学家们改了很多次，其实时间的标准"1 秒"也是如此。查一查，科学家们对"1 秒"的最新规定是怎样的？

完成这两道思考题，就能赢得第 3 枚徽章"从不停歇的时间"喽！

推荐小游戏：比一比，看谁对时间的感觉更准？

游戏规则如下：

1. 一人看着表，在适当的时候喊"开始"；
2. 另一人不看表，感觉过了 1 分钟时喊"停"；
3. 看表的人报出从"开始"到"停"所用的时间（比如 52 秒）；
4. 互换角色，看看谁对时间的感觉更准。

知识大汇总

小朋友们，你们平时有没有这种感觉——玩的时候总是觉得时间过得很快？其实，时间一直都在按照标准前进，我们的感觉并不准确。测量时间也是有标准的，我们一起来总结一下吧！

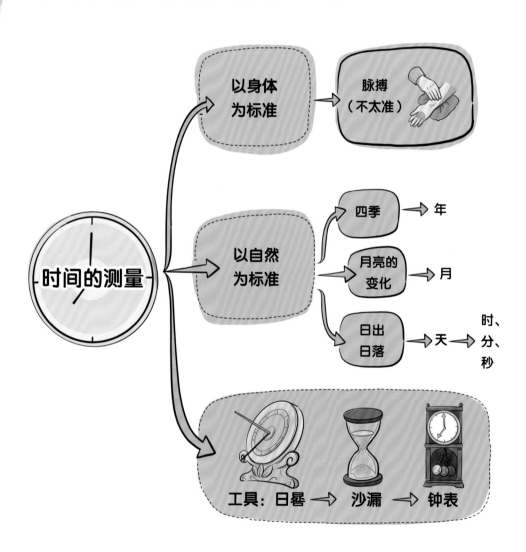

时间的测量

以身体为标准 → 脉搏（不太准）

以自然为标准 → 四季 → 年

月亮的变化 → 月

日出日落 → 天 → 时、分、秒

工具：日晷 → 沙漏 → 钟表

巧妙的温度计
（用转化法测温度）

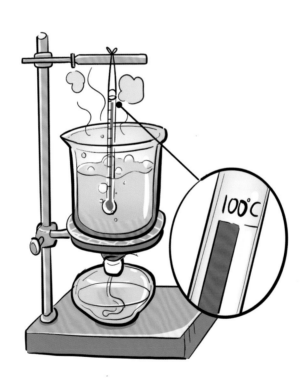

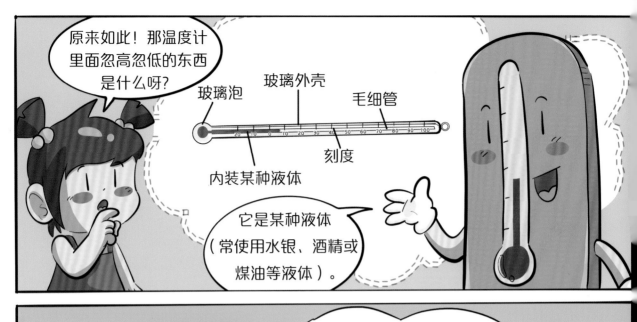

26

没错！你们真棒！

好冷！我要收缩！

一定是下面的液体收缩了，我也跟着缩回去吧！

好热！我要膨胀！

一定是下面的液体又膨胀了，所以才把我推高了。

谢谢夸奖！

无需手摸，只要看一下液柱的高低，就能知道冷热了。

感觉温度计的设计好巧妙呀！

这是一种叫作"转化法"的物理思想，它可以把不方便观察的物理量（温度）转化为方便观察的物理量（液柱高度）。

温度高或低（热或冷） 导致 液体的热胀或冷缩 导致 液柱的高或低

转化为

思考题 1：温度计可以测量 0~100℃之间的温度，但如果想测一测比 0℃稍冷或者比 100℃稍热的东西，又该怎么办呢？

思考题 2：除了可以利用液体的热胀冷缩来测温，你们还知道其他种类的温度计吗？

完成这两道思考题，就可以赢得第 4 枚徽章"巧妙的温度计"了。

知识大汇总

　　小朋友们，前面在介绍温度计的时候曾经提到过它的身体里有某种液体，这种液体可以根据温度的变化而改变自身的高度，现在你们知道是怎么回事了吗？赶快来总结一下吧！

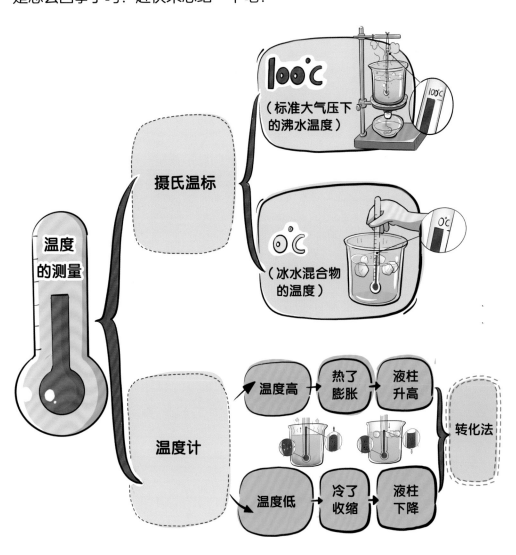

神秘的亮度

（光的测量）

31

这个办法真不错！
这样我们就能测出各种东西的亮度啦！

荧星星 亮度150

天上的月亮 亮度3

火堆 亮度0.4

我也想到了一个办法！

不过数值越小，表示物体越亮。

测量光的亮度（天天的办法）

1 第一步：准备一些薄厚均匀的白纸（纸张不要太厚）。

2 第二步：用纸挡住眼睛，一张张加纸，直到感觉完全不透光为止。

5张了，还用再加吗？

可以了，感觉不透光了。

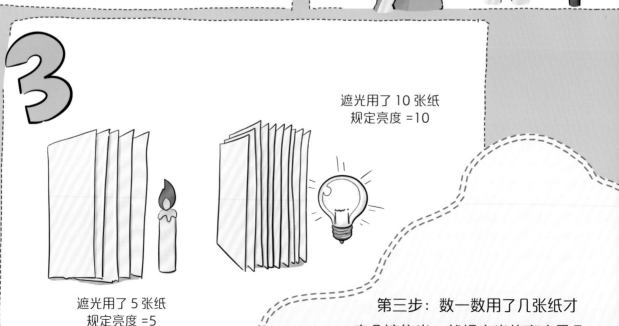

3

遮光用了10张纸
规定亮度=10

遮光用了5张纸
规定亮度=5

第三步：数一数用了几张纸才完全遮住光，就规定光的亮度是几。

思考题 1：你们听说过"视星等"吗？上网查一查，看看它更像小艾的测量方法，还是更像天天的测量方法。

思考题 2：在使用天天的测量方法时，为了更加严谨，需要注意些什么？或者你们觉得怎样改善一下会更好？

小朋友们，这节我们学习了光的测量，小艾和天天各自想出了一个测量光亮度的办法，这些办法你们是不是也想到了呢？除此之外，你们还有没有其他的测量办法？如果有的话，赶快跟爸爸妈妈或者小伙伴分享一下吧！

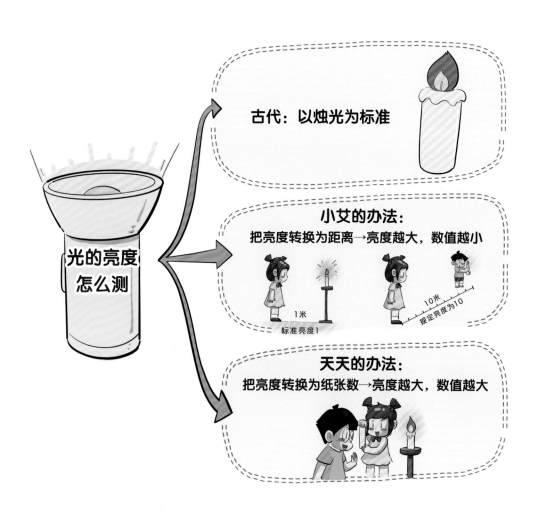

古代：以烛光为标准

小艾的办法：
把亮度转换为距离→亮度越大，数值越小

1米
标准亮度1

10米
规定亮度为10

光的亮度怎么测

天天的办法：
把亮度转换为纸张数→亮度越大，数值越大

05

曹冲称象
（用等效替代法测重量）

38

39

科学小实验——浮力秤

（利用浮力称量其他物体的重量）

在给软塑料瓶剪底时，一定要注意安全，最好邀请家长协助！

需要准备的物品

一个快要装满水的水桶

一个剪掉底部的软塑料瓶

配重
（比如一块石头或者有些分量的物品）

一支记号笔

一个量杯
（或者其他有刻度的容器）

操作步骤

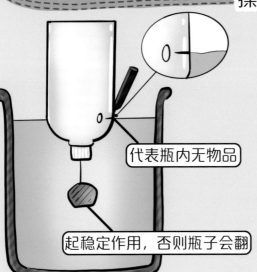

代表瓶内无物品

起稳定作用，否则瓶子会翻

第1步：将配重固定在瓶嘴处，放入水桶中，待稳定后，标记吃水线位置，记为0（0代表瓶内无物品）。

第2步：用量杯装100毫升的水（100毫升的水刚好重100克），将其倒入塑料瓶中，待稳定后，标记吃水线位置，记为100（100代表瓶内有重为100克的物品）。

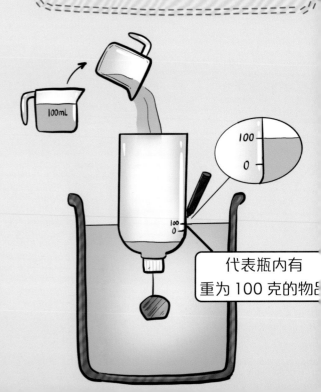

代表瓶内有重为100克的物品

40

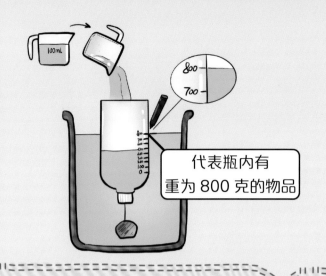

代表瓶内有
重为 800 克的物品

铁球的
重量约
450 克

第 3 步：逐次向瓶内加水，每次
都要标记吃水线的位置，同时
写下相应的数字。

第 4 步：倒掉瓶内的水，将瓶子晾干，
这样，一个"浮力秤"就做好啦！
赶快称东西试试吧！

哇！太酷了！

我知道该怎么
改良曹冲的办法啦！

思考题 1：在曹冲称象的故事中，如果要称很多头大象的体重，应该怎么办呢?

思考题 2：试着自己做一个浮力秤吧！很多事都是看着容易，做起来难啊！
（一定注意，安全第一！）

完成这两道思考题，就可以获得第 6 枚徽章"好用的等效替代法"啦！

知识大汇总

小朋友们，曹冲称象这个故事大家一定都听过吧，本节我们通过这个故事，学习了如何用等效替代法来测量物体的重量。不仅如此，我们还学习了制作浮力秤。现在让我们一起来回顾一下本节所学的知识吧！

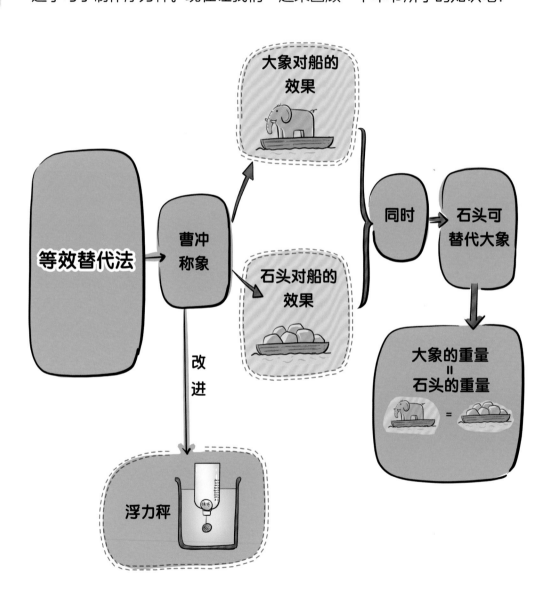

42

06

这是个不完美的世界
（误差）

那用更好的工具，是不是就可以没有误差了呢？

更好的工具可以减小误差，但想要完全消除误差是不太可能的。

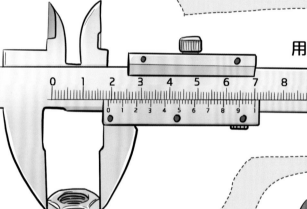

用游标卡尺测量一个小零件的尺寸

± 0.02 毫米，
误差比刻度尺小

奥运赛场上用电子眼测百米成绩

± 0.001 秒，
误差比秒表小不少

用水银体温计测体温

± 0.1℃，
误差比红外测温枪小一些

制造精密零件时用的红宝石探针，精度为 ±0.2 微米（即 ±0.0002 毫米）

卫星定位用的计时器，精度为 ±10 纳秒（即 ±0.00000001 秒）

为了使误差更小，测量更精确，人类可是下了不少功夫呢！

但是……误差还是不能被完全消除，对吗？

哇！小数点后好多个零！误差好小啊！

是的，这就好比人类可能永远也找不到"绝对真理"，但是可以通过努力去逼近"绝对真理"，这就是科学家们在干的事啦！

思考题 1：是不是测量误差越小越好呢？

思考题 2：测量某本书的厚度，想一想该怎样操作，才能让测量值尽可能接近真实值。

完成这两道思考题，就可以获得第 7 枚徽章"避免不了的误差"了。

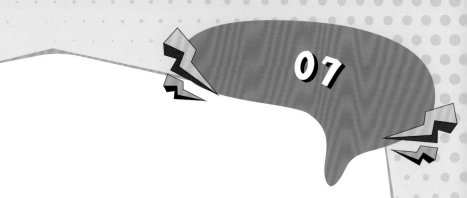

有趣的实验

（特殊测量）

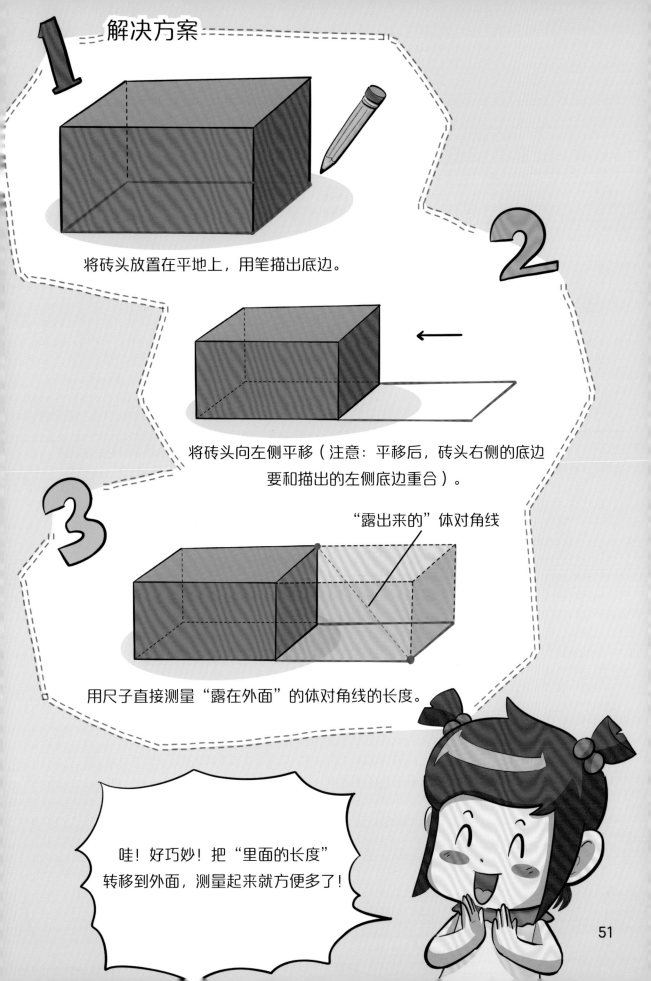

解决方案

1 将砖头放置在平地上，用笔描出底边。

2 将砖头向左侧平移（注意：平移后，砖头右侧的底边要和描出的左侧底边重合）。

3 "露出来的"体对角线

用尺子直接测量"露在外面"的体对角线的长度。

哇！好巧妙！把"里面的长度"转移到外面，测量起来就方便多了！

实验二：
测量一条曲线的长度

尺子是直的，可这条线是弯的，该怎么测量呢？

方法一

1. 找一根线绳。

2. 让线绳与要测量的曲线重合，在线绳上标记出头尾两点的位置。

3. 将线绳拉直，用尺子测量出头尾两点间的距离。

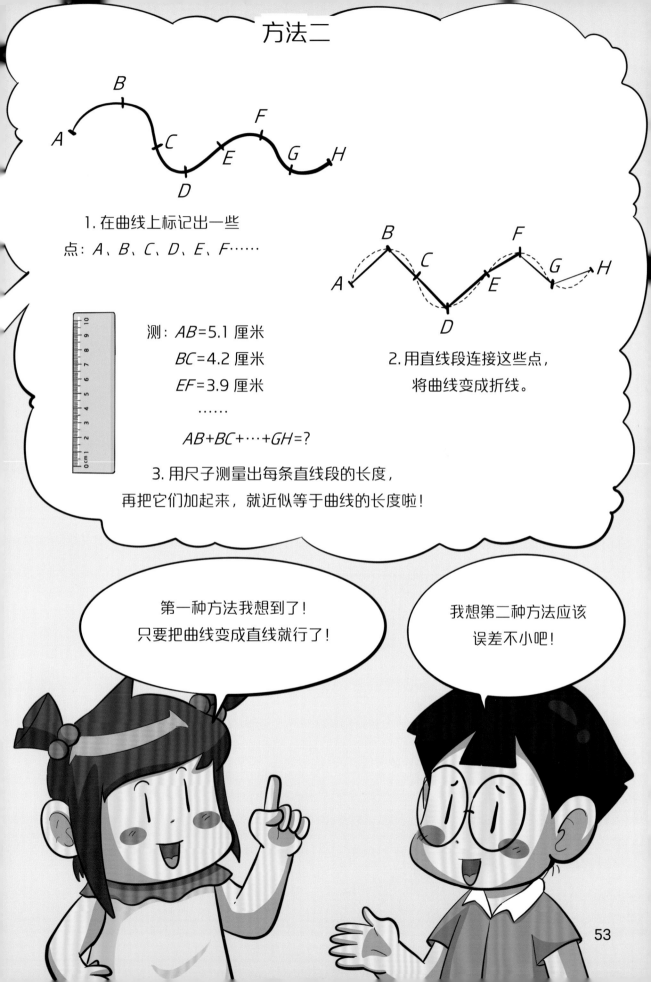

方法二

1. 在曲线上标记出一些点：A、B、C、D、E、F……

测：AB＝5.1 厘米
　　BC＝4.2 厘米
　　EF＝3.9 厘米
　　……
　　AB+BC+…+GH＝?

2. 用直线段连接这些点，将曲线变成折线。

3. 用尺子测量出每条直线段的长度，再把它们加起来，就近似等于曲线的长度啦!

第一种方法我想到了！只要把曲线变成直线就行了！

我想第二种方法应该误差不小吧！

53

实验三：
测量一张纸的厚度

要测的厚度

这个尺寸实在是太小了，都看不清楚，这该怎么测量啊？

解决方案

1. 找一些和这张纸一样厚的纸。

2. 将这些纸叠放起来，用尺子测量出这些纸的总厚度。

3. 再用除法计算出一张纸的厚度。

$$1张纸的厚度 = \frac{总厚度}{总张数}$$

嘿嘿，我们就是这样测量的。

一张纸太薄了，把很多张纸摞在一起，只要足够厚，就好测量啦！

你们真棒！对于那些不好测量的东西，我们也不要轻易放弃，因为方法总比困难多！

藏在里面的	转移到 ➡	外面
弯曲的	转化为 ➡	笔直的
太薄的	积累成 ➡	够厚的
不方便测量的	转变成 ➡	便于测量的

思考题： 在测量曲线长度的实验中，第二种方法有什么优点吗？

完成这道思考题，就可以获得第 8 枚徽章"方法总比困难多"啦！恭喜你们，现在你们已经升级为"小小物理学家 6 段"了！

思考题答案

引言　成为小小物理学家的第六步——认真测量

答案：1. 我们的感觉有时挺准，但有时也可能不准。比如比较横边和竖边的长度，如果只凭感觉判断，你很可能会觉得竖边略长一点儿，但如果用刻度尺仔细测量，你就会发现其实是横边略长一点儿。这就是感觉不准的一个例子。

　　2. 前言里写了一些没有测量会怎样的设想，大家也可以大开脑洞，想一想如果没有测量，各行各业以及我们的生活将会怎样？感兴趣的小朋友甚至可以写一篇科幻小说，比如科技发达但十分调皮的外星人降临地球，收走了人类的所有测量工具，并禁止人类制造新的测量工具……

01　精确的尺子（长度的测量）

答案：1. 一开始（1793 年），人们规定零摄氏度时 1 立方分米的纯水的质量是 1 千克。后来（1889 年），科学家制造了国际标准千克原器，规定它的质量是 1 千克。2019 年又以更严谨、更先进的方式规定了 1 千克的标准，感兴趣的小朋友可以查找相关资料，了解更多信息。

　　2. 变来变去的东西是很难作为标准的，所以科学家们一直在寻找能够长久不变的东西作为"测量标准"，这样做出的规定才够公平、够严谨。随着科学技术的不断发展，人们的要求也越来越高，旧标准就显得越来越粗糙了。如果此时又发现了更好的、可以作为标准的东西，那以新换旧也就顺理成章了。

02 永不停歇的时间（时间的测量）

答案：1. 这是一道数学题。

1 分钟 =60 秒，1 小时 =60 分钟 =60×60=3600 秒

6 小时 34 分 56 秒 =6×3600+34×60+56=23696（秒）。

2. 一开始人们规定一天时间的 86400 分之一是 1 秒，后来又逐渐精确化。至于最新的规定是怎样的，既然说了是"查一查"，那就请你上网查一查吧！

03 巧妙的温度计（用转化法测温度）

答案：1. 温度计 0℃和 100℃之间被分成了 100 个"相同长度的小格"，于是就有了中间的 1℃、2℃……99℃。把这些"相同长度的小格"在 0℃下面继续画下去，就得到了零下 1℃、零下 2℃……把这些"相同长度的小格"在 100℃之上继续画下去，就有了 101℃、102℃……

2. 双金属片温度计：它利用了不同金属热胀冷缩时的程度不同来测温；

热电阻温度计：它利用了温度会影响有些导体的电阻大小这一现象；

红外温度计：它利用了物体越热，其发出的红外线就越强这一现象。

说到这里你会发现，如果温度变化能引起其他一些改变（比如体积改变、电阻改变、光强改变），我们就能利用这种改变来反推温度了。

温度计的种类可不止这些，你们不妨去查一查资料，看看还有哪些奇奇怪怪的温度计吧！

04 神秘的亮度（光的测量）

答案：1.视星等是指观测者用肉眼所看到的星体亮度，肉眼观察越亮的星，它的视星等反而越小，这个特点很像小艾的测量方法。小朋友们不妨上网查一查，看看太阳、月亮，还有其他各种星星的视星等都是多少吧！

2.当用若干张纸遮挡光的方法来测量光的强弱时，如果这些纸有薄有厚，有黑有白，那得出的结论就很不稳定了，所以一定要挑选材质、颜色、薄厚都一样的纸来做实验。

另外，如果选太厚或太黑的纸，那很可能不管是强光还是弱光，一张这样的纸就能挡住光源（即测量结果都是1），这样的话测量精度就太差了。所以最好选择薄一些、颜色浅一些的纸来做实验。

05 曹冲称象（用等效替代法测重量）

答案：1.参考浮力秤的思路，把船做成一个浮力秤。比如可以进行如下操作：

（1）先称量石头的重量，把石头分成一堆一堆的，每堆100公斤。

（2）把石头一堆一堆地放上船，每放一堆，就在船体上刻下水位线的位置，并标注此位置对应的石头重量（比如100公斤、200公斤……2600公斤、2700公斤）。

（3）当接近船的最大承载量时，卸下石头，一个超大的浮力秤就做好了。有了这个超大的浮力秤，以后称大象就不用再搬石头了，只需要把大象请上船，再直接读取标好的刻度值就好了，是不是方便多了呢？

2. 请你自己试着做一做，一定要注意实验安全，请家长协助，特别是要用到尖锐的工具时。

06 这是个不完美的世界（误差）

答案：1. 越是高精尖的领域，对于精度的要求就越高，也就是说误差要小。但往往误差越小，成本也就越高，所以基本原则是要权衡精度和成本。比如看自己比去年长高多少，要测量身高，以下 3 个方案你会选择哪一种呢？

A. 不花钱，自己目测 3 秒钟，测量结果是身高 160±5 厘米；

B. 花 5 元钱买了一个普通的卷尺，用了 1 分钟认真地测量，测量结果是 161.5±0.3 厘米；

C. 买了一件上万元的高级设备，花了 1 个小时，测量结果是 161.4258±0.0001 厘米。

现实中你会选择哪种测量方案呢？估计你也会选 B 吧！所以误差并不是越小越好，而是合适才好。

2. 要减小误差，我们可以选用更精密的测量工具，比如把普通刻度尺换成游标卡尺。

另外，我们还可以多次测量书的厚度，再求平均值。比如前后测量了 3 次，因为存在误差，所以测量的结果分别是 2.43 厘米、2.44 厘米、2.42 厘米。计算这 3 个结果的平均值，即（2.43+2.44+2.42）÷3=2.43（厘米），那么这个平均值 2.43 厘米就是一个优化后的更可靠的结果。

答案：第二种方法用折线代替曲线看似很不靠谱，但如果你把曲线分割成更多小段，比如 100 小段、1000 小段、10000 小段……你就会发现折线的长度会无限逼近曲线的长度，误差也会越来越小。你可能会说，分成 10000 小段？太麻烦了吧！的确，这个工作如果让人类去做的话确实太麻烦了，但如果让计算机去做，那几乎就是瞬间的事。所以在当今这个计算机时代，往往第二种"笨"方法要比第一种用绳子测量的方法更好。

专业名词解释

测量——对事物进行量化，也就是用数据来描述事物。比如"他身材高大"就不是量化的，"他身高 1.8 米"就是量化的。得到这个 1.8 米的数据就需要测量。

物理量的单位——长度、时间、温度等这些描述自然界的概念叫作"物理量"，比如某段长度 =1 米 =100 厘米 =1000 毫米，数据后面跟着的"米""厘米""毫米"就叫作这个物理量的单位。

国际单位——经过各国科学家商定，国际科学界通用的单位就叫作"国际单位"。比如长度的国际单位是"米"，时间的国际单位是"秒"，质量的国际单位是"千克"；温度的国际单位并不是我们常用的"摄氏度"，也不是美国用的"华氏度"，而是"开尔文"，冰点 0 摄氏度 ≈ 273 开尔文，房间温度 27 摄氏度 ≈ 300 开尔文，感兴趣的小朋友可以查一查相关资料。

冰水混合物——并不是简单地把冰和水混合在一起就行了，而是要达到冰和水的温度相同。此状态下，如无外界干扰，冰不会熔化，水不会结冰，冰和水可以长期共存。科学家规定冰水混合物的温度为 0 摄氏度。

温度计——长度我们可以直接用刻度尺测量，但温度我们很难直接测量。科学家发现随着温度的变化，会导致其他一些物理量发生变化（比如体积变化、电阻变化、光谱变化等），所以人们就利用这些现象，发明了各种各样以间接的方式来测量温度的装置，也就是温度计。

日晷（guǐ）——古代人们利用太阳下物体影子的变化来计时的仪器。

发光强度的单位——光强的国际单位是"坎德拉"（candela），在拉丁文中有"蜡烛"之意。

等效替代法——如果某物理量 A 很不好测量，但发现 B 和 A 都能对 C 产生相同的影响，则 B 可以代替 A，测量 B 也就相当于测量了 A。曹冲称象中，A、B、C 分别是大象的重量、石头的重量、水中的船。

转化法——不方便直接测量 A，但发现 A 和 B 有某种关系（比如 A 越大导致 B 也越大），那么我们就可以先测量 B，再利用 A、B 间的关系反推出 A 有多大。这就相当于把对 A 的测量转换成了对 B 的测量，测量温度、测量光强等都利用了转化法。

误差——误差是测量值和真实值之间的差值。就算运用了非常巧妙的方法，利用了非常精密的仪器，执行了非常严谨、认真的操作，误差也是存在的。误差并不是错误，错误可以避免，但误差是无法绝对避免的。

减小误差——可以通过改进仪器、改进测量方法、多次测量求平均值等方法来减小误差。

不测量
怎么行

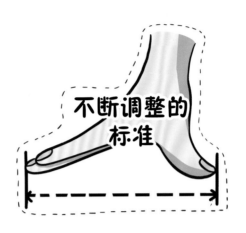

不断调整的
标准

从不停歇的
时间

巧妙的温度计

标准的烛光

好用的等效替代法

方法总比困难多

避免不了的误差

小·小·物理学家 6段